失败所需 100 步

exteen.com 创办人 / 谛帕恭 · 武提皮塔雅蒙空
（Teepagorn Wuttipitayamongkol）/ 著
麦麦 / 译

人民东方出版传媒
People's Oriental Publishing & Media
東方出版社
The Oriental Press

给我亲爱的中国读者们……

萨瓦迪卡！

“萨瓦迪卡”在泰语里是用来打招呼的词语。我的名字叫 Teepagorn Wuttipitayamongkol（谛帕恭·武提皮塔雅蒙空），中文名字叫 Chen Youjing（我不知道中文是怎么写的）。首先要跟中国读者朋友们问好，同时非常感谢您购买了本书。

当我一开始知道这本书会被翻译成中文版本，给中国的读者阅读时，我感到非常激动和兴奋，更加觉得不可思议。我觉得自己只是一个普通的泰国人，而我写的这两本书将会吸引到众多的中国读者阅读观看，这真是一个巨大的惊喜！

这两本书，谈论的是一些非常普遍的现象。就是关于成功的事情《失败所需 100 步》和关于爱情的事情《分手所需 100 步》。泰国和中国之间有着悠久的历史文化渊源，在文化方面更是有着诸多的相似之处，我想中国的读者朋友们一定能理解书中的内容以及我想表达的意义。

感谢出版商人民东方出版传媒有限公司和此书的策划人朱然女士，正是你们的不懈努力才能够让这两本泰国著名的畅销书跟广大中国读者见面，能够把本书要表达的内容及意义传递给更多喜爱它的读者。

希望“100 步”系列作品能带给您有趣的阅读体验。

非常感谢！

谛帕恭 · 武提皮塔雅蒙空

（Teepagorn Wuttipitayamongkol）

2018 年 10 月

编考想说……

我刚校对好《失败所需 100 步》这本书，
接着会送到印刷厂，然后变成各位手上拿着的这本顽皮的书。

在本书出版的几个月前，
有一天，我在逛书店时，
看到书架上的陈列，差点抓破头皮，
因为有一个分类的书籍着实让我摸不着头绪。

为什么在书市里头，“如何”，
也就是 HOW TO 的这类书籍，
只有教人迈向成功、致富的方法？
我困惑地喃喃自语，

是什么让人们渴望成功到连书店里的书架都挤成这样？

我对自己说我绝对不会做这一类型的书籍，
就算要做，也要和本社的名字“鲑鱼”相符合
（顺带一提，鲑鱼出版社的名字由来，
是来自于我们欣赏鲑鱼的“逆流而上”的精神，
这样的逆游无论是它们在石头的缝隙中，

为了产卵繁殖而轻轻地钻来游去，
或是突然跳出水面，
而头撞到石头或被大熊抓去吃掉，等等。）

当时我心想：
“哼！为什么都没有人出如何失败的书呢？”
想着想着就忍不住大声笑出来，还被店员频频注视。

为什么不能笑？
有谁会疯了教大家失败的方法？
这么做的话，他早就被家里的妈妈打死了。
后来没过几天，正当我坐在电脑屏幕前要打开荔枝罐头吃时，
论坛通知我有新讯息，原来是我的好友发神经了，
他做了一个前所未见的《失败所需 100 步》博客，
我兴奋地大叫，“哈？什么？”
没想到疯子比我想象中的还要近！

两天过后，
《失败所需 100 步》的博客开始上传第二篇文章，
我马上点击窗口，找谛帕恭聊一聊，
既然他都敢发神经指引别人迈向失败了，
那要不要再发一次神经把它做成书来出版？
谛帕恭回复“喔，好啊”。

这就是本书的来由，就是这么简单又神奇。

在报名 100 个失败的课程之前，身为编辑的我在此向各位说明：

第一，书的版本与博客网页 champ.exteen.com 上的版本完全不同，

作者在出版本书的时候特意为每一篇增加了插画，

在原基础上做了大量增补，让书籍更完整，

《失败所需 100 步》里的每一步都是首次出现，从未在博客中上传刊登。

第二，关于增加的内容，

我们建议你阅读的时候保持理性，

因为你会为内容深深着迷，

每一个方法都会让你想起过去乱七八糟的生活，

连我都在阅读样稿以后都差点打电话取消出版计划，

——不要印、不要发行这本书了，

因为我想“失败”。

而事实上，

一个人有那种想“失败”的感觉是错的！

（但也不是说不正确……）

本书有很高的阅读难度，阅读时心情超级矛盾，

它似乎在告诉你：“嘿嘿！跟着我做吧，你的人生就会如愿地失败。”

假如你再仔细阅读，就会发现书里其实是这么说的：

“嘿！你知道了吧，如果跟着做了，人生会烂到什么地步，
不要再这样做了，你的人生将毫无希望！”
（如果是想到后者，顿时会让人感觉到生命意外地光明。）

第三，编辑部也在偷偷地期待着，
会不会有人真的因为这本书而放弃自己！
我在这里先告诉各位，如果真的发生了，
然后想把本书作者臭骂一顿的话，
我们已经为你准备好作者的联络方式了。
但我再次建议你，
假如你心存不切实际的幻想的话，
那还是别看了，浪费时间，而且你会一再地失败，
而作者就会因为达成目的而笑到合不拢嘴。
你敢不敢来尝试一下？翻开第一页吧！

纳查农·马哈伊堤东（Natchanon Mahaittidon）
泰国鲑鱼出版社

推荐序

你是否有毒舌一族的朋友呢？

就是嘴很贱的那种。

当有这种朋友出现在聊天的场合中，我们会发现那一餐食物的口感特别有味道，但有时候，餐桌上明明就只有青菜豆腐和煎蛋而已。

没错！光是听毒舌朋友讲一些话题，就可以听得陶醉有趣，不需啤酒和小菜就可以让整桌的朋友听得微醺。但是，万一这种朋友反过来攻击你，被他攻击的地方可是又痛又痒，因为这种朋友绝对不会用普通的方式提醒你，他尖锐的意见往往会让你有欲哭无泪的疼痛，可在痛完后，你会发现他尖锐的意见其实是很有用的。

也是由于他出于好意，才会用这种方法提醒你、刺痛你。因为他不希望看到你被别人用言语攻击，也不希望你被残酷的现实击败。

这样的朋友，不但对你真心实意，而且人又风趣幽默。

我还没有机会与本书作者谛帕恭好好聊一聊，每次见面总是觉得他是个可爱的人，彬彬有礼。但是一读到他的文字，反而觉得他变成了另外一个人。

是的，我在说他的文笔很毒、很犀利。

在阅读本书的时候，有些句子，我读起来总觉得像是被他骂了，或是说被点醒。而这样的提醒，更像是来自于你身边最好的毒舌朋友的，这种提醒不像被长辈责骂那样无聊透顶，更不像被老师、领导骂得那样严肃冗长。

嘿嘿！我当然了解长辈和师长们的好意绝不少于我的好朋友，但奇怪的是，一样都是提醒或是警告，但我们都是更愿意听从朋友的建议（哪怕是毒舌），也许这就是共同语言吧！

我觉得谛帕恭的这本书很辛辣，是一本披着教你如何失败的外衣、教你如何成功的书。一旦我们读完后，反而更加厌恶失败，相反地，有些段落会让你想鼓起勇气站起来，把既定的目标完成。就像是一个有好话也不会直说的朋友，透过嘴贱的方式让你知道他的好意——这真是一种有趣的善意。

但如果谛帕恭想要读者照着他说的每个方法去做，而达到失败的目的，那我要向他说声抱歉啦，因为他的意图一定会以失败告终。

嗯……这么说来，我也挺毒舌的。

恭喜你成功了！

纽恭（Niuklom）

泰国著名作家

纽恭

原名色拉兀·王萨瓦（Sarswuth Hengsawas）

泰国华侨，为泰国新生代著名作家。

作者想说……

敬告

《失败所需 100 步》并不是写给小朋友看的，也不是让年轻人看完这 100 个方法后就开始有了动力，产生让他们远离失败人生的信心，迈向成功之书。

这本《失败所需 100 步》，是为了那些早已厌烦成功、不希望事事顺利、对美好生活提不起兴趣的人写的书，所以，是针对那些希望能迈向完美的失败、正处于人生低潮而准备要迎接烂到底的人生以及希望能最终一败涂地的人而写的书。

先告诉各位，本书提供的方法可不是轻易就能完成的，有些方法必须耗费数十年光阴勤加训练才行；有些方法要从一出生就开始训练，如果上天没有赋予你这份天分的话，有些方法你就想都不要想啦！其实你也不必每个方法都照做才会失败，有些人只做到三十几个就败得一塌糊涂了，但也有一些人很倒霉，要做到第九十九个方法才能如愿以偿。

失败可是一门“高深的学问”，同时也是一门“艺术”，要怎么失败，反映了每个人的不同特质，且在实施过程中，必须非常努力和具备高度的忍耐力才行。你准备好迎接挑战了吗？

我期待在追逐成功享受成功的洪流中，本书能犹如被光芒包围的黑夜，是追求完美潮流中的小瑕疵，是和煦阳光下的一股阴风，是梦幻天堂中的罪恶地狱，而这本书将带领厌烦成功的你们，一同快乐地经历彻头彻尾的失败！

本书由我本人独立创作完成，若有任何缺失，我会及时把读者的抱怨分享给编辑与制作团队。

爱与失败！

谛帕恭·武提皮塔雅蒙空

（Teepagorn Wuttipitayamongkol）

目录

1

裹足不前

古代圣贤曾说：“千里之行，始于足下。”
这句话简直是太犀利了，
谁都知道你得这么做，才能成功。
这也表明了这条成功之路非常的遥远，
也会异常艰辛，
一路上或许布满荆棘，让你遍体鳞伤，
可若能通过层层考验，你必将见到胜利的曙光！

假如你一心寻求失败，那你就逃避吧！
你就可以逃避掉那些需要辛苦奋斗的过程，
只要你能忍住，**无论如何都不要开始**，
那就不会踏上这条漫长的成功之路，
不去想，就不会起程。

假如你没办法停止你的思考，
那就将你的身体紧紧地和柱子绑在一起，
你就可以不用开始做任何事情，
这么做对人类来说是很难的，
因为人总想事情能有变化，
“除了呼吸以外，什么事都不要做！”
假如你渴望失败，那就得严格遵守这条戒律。

你一旦开始做事，那你就不是一个极度渴望失败的人了。

2

自我设限

我们都看过一种很令人讨厌的表格，
那就是：流程表。
它之所以会令人厌恶，是因为有着“流程”这两个字。
而**流程**这两个字，
则意味着照着这个走，一切都将会顺利无阻。

但对于一心要寻求失败的人来说，
顺利无阻这个词是非常令他们胆战心惊的，
即使如此，
我们还是可以把流程表当成对付追寻失败者的武器！
只要在流程表里加上“如果……”与“……才可以”
这一类自我限制的连接词，
像是“假如能这样……那我才……”，
在你前面筑起一道道复杂得不得了的高墙，
就能让你不踏上成功之路啦！

只要你完成自我设限，那么失败必定掌握在你的手中。

建议：与第 22 个方法合用，效果必能加倍。

3

懒得去做

只要懒得做，保证你肯定失败！

这不用我再多加解释了吧……

建议：若与第 62 个方法合用，效果会更好。

4

拼命计划

当你的心不愿向失败低头，
反而想跟随着人类本能寻求成功，
或是，你一心想要成功，
想跟别人一样有头有脸，身处上流社会之中，
又或是，想受欢迎、想拥有财富，
想像舞台上的主角一样，聚光灯打在自己身上，
成为人群中的焦点……

但你是那么想要失败的啊！
所以，你就必须控制好你自己，
别让自己有想要成功的蠢想法冒出来。

那要怎么才能让自己失败呢？
有一个寻求失败者的必学技巧，那就是——
“计划更多的工作，制造更多的麻烦。”

你一定要做出大量的计划，
然后不用考虑自己是否有能力做到，
完全不用估算那些企划案、计划书什么时候可以完成，
也不用想这些计划在未来会有多种可能性，
就做大量的计划吧！

利用大量有如梦呓般的工作计划，保证让你绑手绑脚，
失败就会唾手可得啦！

5

胡思乱想

"胡思乱想"的意思，

就是**想得太多、想得太复杂、毫无目的地想**，

也就是思绪毫无进展地在原地打转，

并且反复地、毫无系统地想，

这也想那也想……

这样毫无系统也无用的过分思考，

让你的心静不下来，就肯定能失败了。

可这个方法对于有静坐习惯，但要追求失败的人来说，

是有一点困难的。

那我劝你先放弃静坐，让之前累积的定力全都化为乌有，

把冷静思考的定力，全都卸除得一干二净。

让自己快乐地胡乱思考，犹如埃舍尔的画一样 *。

放任自己胡思乱想吧！

建议：若与第 53 和第 85 个方法并用，效果会更好。

---

* 莫里茨·科内利斯·埃舍尔（Maurits Cornelis Escher），荷兰艺术家，作品多为几何图形，作品特色为图形回旋、空间错乱。

6

做个烂草莓

恭喜想要失败，但上司又交给你重大任务的人们，
上司可能交给你好几千万甚至上亿元的案子，
而全办公室的每一对眼睛也都在看着你，
这些关注着你的视线，
以后都能成为你很好的借口。

于是，“低抗压”这几个字，
将成为你通往失败之路的镀金门票。

以后要是有人像个记者一样，把麦克风伸到你面前问：
“为什么你没有成功呢？”
“为什么这个任务没有成功呢？”

你就可以自信满满地回答：
“我战胜了一切，
之所以会停滞不前，就是没有扛住压力啦！”

建议：若与第 24 个方法并用，效果会更好。

7

不要遵守约定

你绝对要避免在任何文件上签名，

也绝对不要做任何会让对方产生信任感的事，

假如你不小心对他人做出了承诺，或签文件背书保证什么的，

那就对你的甲方或朋友切掉小指

或是违背诺言、吞下千根针什么的……

只要做这些，就可以让你不守信用了。

你当然也可以跟对方说

“我不记得什么时候答应过你了”、

“我可没有答应你”，

或“这个文件一定是别人冒我的名字签的”

这一类的话，

要不就耸耸肩膀装作根本不在乎一样，

刻意又任性地抛开所有责任。

你**就尽量打马虎眼**吧！

啥都不想干，也都不肯干，让大家对你失望透顶，

虽然这样会让你有一点孤独，

但那又怎样呢？

想失败的话，这一点孤独总是要面对的嘛！

建议：若与第 47 和第 91 个方法并用，效果会更好。

8

到处乱晃，游手好闲

那家酒吧好像很好玩儿的样子~
百货公司正挥着手呼唤着我~
还有，游乐场、水上乐园、网红餐厅、
诱惑人的下午茶与正在“跳楼大甩卖”的活动，
都在呼唤着我呢！

哎呀，我不是想要一件名牌外套吗？
现在刚好正在打折，超级便宜的。
有这么多闲“事”要做，那我还等什么呢？
工作就先放着，先去外面逛个爽再说，
不及时行乐，更待何时？

建议：若与第 58 个方法并用，效果会更好。

9

暴躁易怒

曾经心情糟到想摔烂手边的谋生工具吗？
无论是手机、圆珠笔、画笔、纸、鼠标
或记事本这样的小东西，
或是电脑、打印机、重要仪器设备等等大型的东西，
看到了吧，不爽的时候像这样摔摔打打一顿，
可真是过瘾得不得了。

可要是让别人知道了，他们会摇摇头表示不同意，
并唠叨一顿说：
“万物都是有灵的，这些东西也是有感觉的，
如果好好地珍惜它们，它们也会帮助我们顺利成功。”

啊，把别人的教诲给忘掉吧！
然后顺从你粗暴的脾气，
用力地摔烂它们，
尽情地敲打它们，
一边摔一边狂飙脏话，顺便让附在东西上的神灵诅咒你。
就能带领你踏上你想去的失败之巅！

建议：若与第 46 个方法并用，效果会更好。

10

明天再说

这个迈向失败的方法，实在是简单得不得了，
只要把必须做的、应该做的或计划做的事情，
都这么说就好啦～

“工作嘛……明天再说吧。”
“作业嘛……明天再做吧。”
“修车嘛……明天再说吧。”
“体检嘛……明天再说吧。”
“……**都明天再开始吧！**”

然后到了“明天”，
你把这些话再说一遍就行了，
让它变成你日常生活里的副歌，
只要不断地重复就行了，
最后，你绝对可以完美地步入失败！

建议：若与第 67 个方法并用，效果会更好。

11

毫无自信

对于**一心一意寻求失败**的人来说，
自信心是一种非常可怕的东西。

您应该看过一些鼓舞人心的电影吧！
里头的男主角总是没地位，也毫无过人之处，
身上找不出半点称得上厉害的特质。
但他们总能咸鱼翻身，爬起来奋斗，
只因为他们有“信心”！

凭着信心，信心就能引领着他们，
带他们走向**令寻求失败者嫌恶**的成功。

假如你一心求败，
那我建议你从现在起，立刻远离这样的特质，
一定要连根拔起深植心底的信心。
否则，隐藏的信心
会像树苗一样再度蓬勃生长，绿荫郁郁葱葱，
同样地，如果想除去一个人的力量，
信心一定要先除之而后快，
像是鼓舞人心的电影啊、励志书籍啊……都不要看，
当然了，鼓舞人心的励志歌曲也在禁止之列。

建议：若与第 77 个方法并用，效果会更好。

12

还没做就先求别人

亲自有始有终地完成一件事，有非常多缺点：

第一，让人振奋。
即使你用眼泪克制振奋的心情，
自信心仍会一直不断地疯狂滋长。
第二，会让你的能力不断地向上发展、提升。
第三，会让别人发现你的价值。
然后呢，他们会表扬你、信任你，
最后会给你带来更多的机会和发展。

我已经数满了三个缺点啦
（其实还有更多，但我懒得细数给你听）。
所以无论如何，
在你独自动手之前，先寻求别人的帮忙吧！

千万别屈服在好奇心的膝下，
也不要输给“想要挑战看看”这种蠢想法。
不要打开文件的第一页，
不要碰任何更方便做事的工具，
不要看任何使用手册
不要尝试“自己试试看”。

你要做的只有求……求……求，
一再地厚着脸皮求别人的帮助。
这一切都是为了走向**失败的乌托邦**！

死都不去求别人

你或许生来就有孤傲的个性，
这可能会是通往失败的一个绊脚石。

由于孤傲，你不会向任何人低头寻求帮助，
由于孤傲，你会独立完成每一个步骤，
直到……事情完成。
你会举起胜利的双手，高喊：“万岁！”
即使在这之前差一点就昏厥而死。

但不用担心，我仍看见你还有失败的机会，
只要你好好利用这孤傲不求人的性格，
将孤傲这把双刃剑的另一面面向自己，
把鼻子抬得高高的，鄙夷一切，
即使你做一件完全没有经验的工作，
即使你需要人帮忙，或需要建议，
也要忍住！
闭上嘴巴，绝对不提需要帮忙！
不管三七二十一，凭着一股傻劲去做吧！

就算情况看来不明朗，但管它呢。
就像在黑暗中爬行的蟑螂一样，安静无声，
未来的路，就是近在眼前的失败。

建议：若与第 92 个方法并用，效果会更好。

不分轻重缓急

“Be able to prioritize.”
就是按照轻重缓急的顺序去工作，
意思就是：什么重要就先做什么。
而这，也是一个成功人士的必备特质。

现代科技大幅提高了通信速度，
让人类必须多任务处理，才能大大地提高工作效率，
也就是说，当你的大脑与心都变成多任务处理时，
却只有双手双脚可以用。
这让懂得处理轻重缓急的工作能力，
变成现代社会中不可或缺的职场技能。

如果你很不巧地具有这种令追寻失败者所厌恶的能力，
我建议你把工作清单（To do list）排成“金字塔”，
然后倒过来看，
也就是：优先处理比较不重要的工作，
把最重要的工作放到后面才做，
还有最紧急的工作，也放到最后面才做，
要不就哪天心情好，就按照心情随便挑选几样工作来做，
要不你就用像是射飞镖啊、掷骰子啊、抽签啊这些方法，
来帮你决定工作顺序，随便乱选工作做。

祝你尽情享受这种不认真工作，
但认真追寻失败的绝妙快感！

15

像机器人，做一天算一天

科幻小说家艾萨克·阿西莫夫（Isaac Asimov）的
机器人三大法则：
1. 机器人不得伤害人类，
或让人类陷于危险之境。
2. 除了人类的命令违背第一法则外，
机器人必须永远服从人类的命令。
3. 除了违反第一及第二法则以外，
机器人必须保护自己。

也就是说，
你想失败，让自己像个机器人一样，
那么就得遵守以下法则：
1. 永远当个好的追随者，
永远不会举手，
自告奋勇做任何事。
2. **永不表达意见**，只按照上级指示的命令做事。
3. 像机器人一样**永远不知变通**，
乖乖地当个朝九晚五的上班族。

假如你照着以上所说的做，
那你就会成为组织里一个**渺小的、毫无存在感的齿轮**，
最后，你就会如小齿轮般因公殉职，永不见阳光。

建议：若与第 20 个方法并用，效果会更好。

烂到人神共愤

想怎么烂，就怎么烂，
最好烂到人神共愤、天地不容，
做什么都随便做一做就好啦！
认真是最无可救药的了。

想要怎么个烂法，就自己看着办吧！

建议：若与第 18 和第 93 个方法并用，效果会更好。

17

吹牛不上税

关于这个追求失败的方法，我举一个人所说的话当例子，
因为在吹牛这件事上，他总是表现杰出！
你看我**这么有钱**（1）*，长得还算可以，
哎哟，还有好几个美眉迷上我呢！
其中还有一个超性感的，
怎么谁不爱，就**偏偏爱上我**呢（2）？
我也不知道**自己怎么这么有魅力**（3），
她喜欢我，可能是我参加过**国际级的游泳比赛**（4），
也说不定是喜欢我的车。
……哎呀！说到车，我刚刚**买了一辆新的**呢（5）！
也不是我随便说说爱现啦，
可说到这辆车，它可是限量款的哦～
一般人订也要等好几个月（6）。
我们国内的路啊，其实也不是很适合这辆车的啦，
你也知道的，很烂。
……哎哟，你看你看那人开的那是什么车呀？
低档车款我是不认识的啦（7）！
但是我**常常出国**（8），也就是去瑞士滑个雪啦（9），
去玩的时候我也懒得去租车啊～我可没吹牛啊！
出国我就叫架**私人飞机**（10）也一起把车子载过去，
其实**司机我也有**（11）。
不过，我**比较喜欢自驾的乐趣**，那很刺激很炫的（12）！
就是这样啦～
但你说我**爱吹牛**，**我是不懂**，你为什么这么说我呢？

---

* 括号内的数字是该项目他吹牛的次数。

不先检查就交出去

作者没有这篇文章的备份档案。

敬请见谅

制作团队敬上

建议：若与第 16 和第 93 个方法并用，效果会更好。

19

重复再重复

要怎么拖延工作呢?
那就每次都重复做别人已经做过的事吧!

以检查别人会不小心忽略工作上的细节为**借口**,
以为了完美为**借口**,
但其实,在你心里深处的真正目的是:
失败。

要是你在公司里分配工作,
那就把同一份简单的任务,安排给越多人做越好,
然后,让他们都做一样的事。

假若你能将一份小工作分配给不同部门做的话,
那效果会更佳哦!
同事之间就会闹别扭,互看对方不爽,
因为他们会不明白,为什么大家做的事都是一样的?

放眼望去,有谁是这个追寻失败方法的典范呢?
那就是**公家单位**。

无限循环地重复

想追寻失败的你，

也许会弄不太清楚上一个方法“重复”的意思，

与这个方法“无限循环地重复”有什么差别。

为了让你更了解“不断地重复”的意思，

请你把“不断重复”这个词在本页空白处抄写一千遍，

抄不下请另配纸。

↓开始抄吧↓

21

抄捷径上瘾

在众多的教你“如何”的茫茫书海当中，
像是如何致富、如何成功、如何变美、如何养小孩、
如何抓住男人的心、如何投资股票，如何……
随便怎么“如何”都行，
这些都足以让你的个性慢慢变急，
现在，人类社会
正在渐渐患上这种“求快、速成”的病症。
开车要抄捷径，
想变聪明也要通过捷径，
要升官发财也想走捷径，
就连玩个游戏，也要抄捷径，
当你越来越依赖捷径，
你就会丧失原本的学习、酝酿与累积经验的本能，
一旦被丢在没有捷径的环境中，
需要利用创造力来解决问题的时候，
你就会如你所愿地失败得一塌糊涂，很棒吧！

绕远路上瘾

假如我拿一场拳击赛来打比方的话，
抄捷径上瘾的人是蓝色选手，
那么，红色柱子这一方就是绕远路上瘾的家伙。
好啦，这下子把你给弄混了，
你也许会拍桌大声质问：
什么跟什么嘛，到底要我们选哪一边站？
到底是要抄捷径，还是绕远路，全被你搞混啦！
我说啊，
做什么都绕远路的人，一样具有失败的特质，
因为**无论做什么都尽可能地绕远路、**
喜欢将简单小事复杂化的人呢，
在他们绕远路时，会遇到种种困难，
而这些困难就像是故事里的喷火龙，或者一圈圈的火，
在途中等着他们去克服，
让他们的脑啡分泌，扩散到整个脑部，
最后产生了克服困难、披荆斩棘的快感，
口水流满地像痴呆了一样，
让他们还想要克服更多困难、更多阻碍。
甚至在没阻碍的时候还要自己设立难关，
以致不会太轻易靠近终点，
使得同事因此不齿："何必多了许多不必要的步骤？"
这些对复杂化上瘾的人会说："因为比较好玩儿。"
但在不久的将来，
他们一定会输给自己创造出来的喷火龙！

建议：若与第 2 个方法并用，效果会更好。

23

就复制粘贴吧！

本次失败方法的流程，

用鼠标左键选取

↓

击鼠标右键

↓

选取“复制”功能

↓

选取“粘贴”功能

↓

完成！

“好的艺术家复制，伟大的艺术家偷窃。”

——巴布罗·毕加索

24

别人说……

同一件事情，
妈妈说，该照 A 方法这么做，
外婆说，该照 B 方法这么做，
爷爷说用 C，奶奶说用 D，
还有，
爸爸、哥哥姐姐、弟弟妹妹、同事好友、上级老板……
加上其他与这件事不相关但又想表达意见的亲朋好友！
更有那些既不算朋友、也不是同事、八竿子打不着的人
也想来管你的闲事，
那些来自四面八方的批评、责难与建议，
你就统统照单全收吧！
然后盲目地照办。

当然啦，只有一件事你是不用在乎的，
那就是——**自己的声音**。

建议：若与第 40 个方法并用，效果会更好。

25

不被赏识也委屈自己

如果以上二十四个方法都用过了，
到了这第二十五个方法还不失败，
也许是你祖上积德，或者上辈子做了太多好事，
也有可能是你的能力特别好，
好吧！不管如何，
（这种人实在很令人讨厌不是吗？
容我在这里表达下厌恶之情。）
还有一个可以让你快速失败的方法，
就是借用外力，为你带来失败的人生。

这个方法就是，
找个不懂欣赏你、看不见你价值的人共事，
你赶紧飞到他的羽翼之下，当他的左右手，
让他利用你去做些没有人想做的事，
如果有一天他开始看到你的价值，
给你加薪，提拔你升职，或赞扬你、推崇你，
这么想要失败的你，就带着一脸沮丧的表情，
向他提出辞呈，
寻找下一个可以让你失败的目标，前进！

只喜欢被人夸

夸奖的话，就好像包着巧克力糖衣的泻药，
吃的时候很甜美可口，吃完却泻个不停。

这么想失败的话，就尽可能听赞美的话，
而逆耳的忠言，就让它左耳进右耳出吧！

只选择听赞美的话，能让你越来越自以为是，
你一定要从心底相信那些夸奖，
毕竟它们听起来是那么的顺耳啊～

而且，它们还能把你带往失败的彼岸呢！

27

1+1=?
11th dimension...
universe is thyself. one ring rules them all...
but e=mc² and
then...
!!?!!?
dx/dy = ?
lim a→b (cx²)
ex²?

想得太多

如果有人问你很简单的问题，
像是“一加一等于几？”
或是“星期六或星期天哪天出发比较好？”
或是“今天要穿什么颜色的衣服？”
假如你想失败的话，
那么你在面对这样简单的问题时，
也要深入分析、多加考虑，
更要**花很多时间去深入问题的根本**，
从所有的角度去研究，
研究这些简单的问题是否会影响到社会、教育，
又或者是对环境有没有影响，
对地球、宇宙有何影响，
甚至对于全人类未来的影响……

也可以请教柏拉图、苏格拉底、马克思等等思想家，
或像是英国厨神戈登·拉姆齐也行，
要不就问问孔子、老子、释迦牟尼或耶稣……
即使要花上一百年才能得到答案也无所谓，
死后才知道答案也就算啦，
尽情地想、想、想，想很多吧！

反正你是这么的想失败。

4. Reduce the fraction to its simplest form.
5. A father said to his son, "Two years ago I was three
old as you; but in fourteen years I shall be only twice
you." What were the ages of each?
6. Given
7. Extract the square root of

不思考

如果有人问你很难的问题，
千万别想得太多，就随随便便回答吧！

不必用到大脑啦，把连结大脑的神经剪断～
反正，大脑也只不过是一块
灰灰的、臭臭的、烂烂的细胞，

干吗用它呢？

29

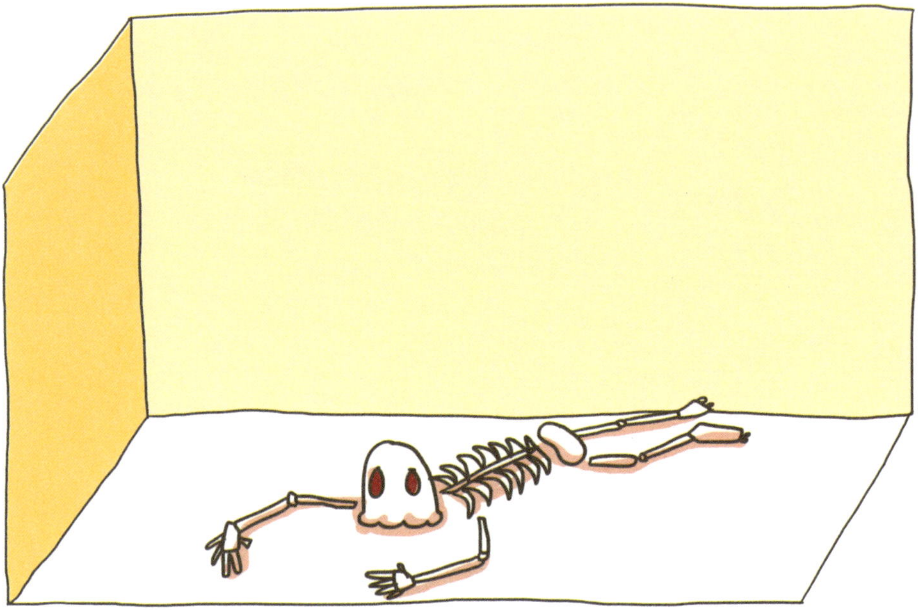

花太多时间寻找自我

在这里，请容我引用何明的例子，
他在这一点上可是个完全成功的失败典范。

何明，是一位名牌大学毕业的高才生，
第一份工作做了一个月后，他就离职了，
原因是“在这份工作里头，我找不到自己”，
接着，
第二、三、四、五、六、七、八、九、十、十一
和第十二份工作，
到第十三、十四、十五、十六、十七、十八、十九
和第二十份工作，
到二十一、二十二、二十三、二十四、二十五、
二十六、二十七（你烦了吗？），
以及二十八、二十九和第三十份工作……
直到第一百份工作时，
当时，何明先生已年约七十，
他依旧以最初的原因离职；
“在这份工作里头我找不到自己”。
就像缺了一角的 O，他无法在世界中找回缺的那一块儿。

而今天，何明已经以失败者的姿态辞世，
后辈追随者应当以他为榜样。
现在，他的墓碑上还刻着醒目的几个字——
“至今依旧在寻找自己”。

30

大家都做过，算了吧！

你要记住：“世间的一切皆不是原创”，
你所思考的、梦想的一切，
都已经有人先想到、先梦到了。

既然不能当登月的第一位，
那么登月还有什么意义呢？

就大胆地思考吧！
然后，胆小地躲在家中，
可别投身这竞争强烈的旋涡中，
一点都不值得！

建议：若与第 42 个方法并用，效果会更好。

31

从未涉足的蓝海

在你争我夺、竞争日益白热化的红海中，

已经是够惊险、够可怕的了，

但尚未被人发现的神秘蓝海，更加恐怖。

就让前锋部队先去冒险，先去开拓吧！

把你潜意识中的冒险精神强压下来，

反正，**你又不是《海贼王》里的蒙奇·D.路飞**，

就安静点吧。

惊心动魄地未知冒险，没你的事！

建议：若与第63个方法并用，效果会更好。

32

勉强自己做不适合的

如果你必须做自己不喜欢做的事，
那就勉强自己，一直忍受下去吧~
咬紧牙关，让眼泪流干，变成伤口上的疤，
绝对不要让主管给你换新的工作，
这样可一点也不适合想失败的你哦！

即使已经**超过自己能够忍受的极限，也要继续埋头苦干**，
用悲伤的表情，迎接即将到来的命运，
你的坏情绪会很自然地反映在工作的成果上，
上面写着——“失败 No.1”！

33

三分钟热度

“三分钟热度”就是……
只做一下子就没兴趣啦！
犹如干草堆里的闷火，冒一点点火、一点点烟就熄了，
像是什么都没发生过一样～

追寻失败的你，一定要保持这样子的信念。
在过程中保持着高度兴趣、维持高度火力也行，
但可千万别让火势维持太久啊！

其实，我真的很想亲身示范三分钟热度的最佳例证，
那就是这本书的内容到此为止。
但是怕被身为读者的您丢石头，
所以才没这么做，
真是可惜呢！

建议：若与第 34 个方法并用，效果会更好。

不持之以恒

有一份研究报告指出，
如果一项持续行为超过三个月，
也可以说是九十天以上，
该项行为将自动成为永久性的习惯。
也就是说，如果你想减肥，
专注地跑步连续九十天以上，你就会爱上跑步。

啊！这真是太可怕了~
追寻失败的你，可千万别被这项研究结果给说中了，
因此，我建议你做每一件事都不要持之以恒。

高兴时就做，不高兴时就不要做。
就像开关一样，有时候 ON，有时候 OFF
放任你的人生，让它乱七八糟吧！

建议：若与第 33 个方法并用，效果会更好。

35

一无是处

在泰语里，

“连鸡屎都踩不扁”是一句很古老的俚语，

意思是，一无是处的人，遇到困难的事不努力，

遇到简单的事又不放在眼里，连走在路上都有气无力，

所以，地上的鸡屎才没有被踩扁。

经过我的判断，这种人简直就是拥有真正的失败特质，

想失败的你快快跟进，一起迈向失败的未来吧！

建议：若与第 62、第 69 和第 72 个方法并用，效果会更好。

太多噪声

这是一个属于咖啡馆的时代，
无论是本地品牌或外来品牌，占据着城市的各个角落，
咖啡馆除了供应咖啡给外带咖啡的消费者，
同时也是 SOHO 族的汇聚点，
在这里，他们坐下来喝咖啡，就像个悠闲的人一样，
这里气氛绝佳，有好喝的咖啡，有好听的音乐，
配合上咖啡店的氛围，
让人有工作的心情，能轻易地进入工作模式。

……

现在，请把你的所有工作从咖啡馆里搬出来，
搬到喧闹的菜市场，里头充斥着摊贩
与家庭主妇们喧嚣的叫声，
混合着鱼腥味的空气，
让你即使没见到鱼，也知道它该是多么的腥，
也不要忘了保持手机与电脑中微信、微博、论坛的开启模式，
不要漏了每一个信息、每一篇推送、每一个更新。

把主要的工作变成次要的，
刷微博看视频才是你该关心的。

37

喧宾夺主

原本呢，
它只是简单的聊天程序，可以让两个人互相传递信息，
可当它改良了之后，原本只是纯文字的信息，
已经无法满足使用者，
现在使用者可以互传照片，发语音，
甚至在线视频，
当新创意被激起，开发人员又加进了新功能，
让使用者可以一起养蛙，一起拼团，
甚至是一起刷小视频，之后就犹如水库泄洪，
开发人员又增加了一大堆杂七杂八的模式……
以至于，到最后大家都忘记了这只是个聊天程序。

然后，大家又准备转移阵地，
去用其他可以把“主要功能”表现得更好的程序，
这个所谓的主要功能，
其实就是“聊天”罢了。

建议：若与第 4 个方法并用，效果会更好。

宁为玉碎，不为瓦全

情绪化让这世界五颜六色、丰富多彩。
那你也一定要在这个话题上贡献一份心力，
每天制造至少一件情绪化的事件，
可能是小小的吵架，或破口大骂问候他人的老母，

你**务必做到因细枝末节的小冲突，**
无限扩大到断绝来往，

断得干干净净，藕断也不要丝连，死了也不要见面，
最后你会发现只剩下你一个人。

这让你更能专注于追寻失败，
真是一件很棒的事，不是吗？

建议：若与第 76 个方法并用，效果会更好。

毫无主见

以下这段对话，
用来说明这个方法是最好不过的了。
（对话背景是制片公司）

“你把这里的剧情换成这样子好不好？”
“好啊！”
“你把那边的背景换成我说的那样好了。”
“好啊！”
“这样好了，所有剧本里的角色就用我找来的。”
“好啊！”
“还有故事要写成这样的，就照客户要的。”
“好啊！”
“第一幕要直接切啰，不能用别的。”
“好啊！”
“其实我认为你根本什么都不用想，
已经很清楚地告诉你该怎么做了。”
“好啊！”
“有什么意见吗？”
“没有。”
“有想法吗？”
“没有。”

建议：若与第 40 个方法并用，效果会更好。

设立足点

立足点，不过就是成功者制造出来的假象，
很多人都相信如果自己有信念的话，
做什么事都会成功，
因为，一旦一个人有了信念的支持，
同时也能保持住他的荣耀，
万一他跌倒了，也不会全倒，
会让他一直想要再站起来奋斗下去，
可以说再困难的事情，
也无法把有信念的人压得粉身碎骨。

因此，想失败的你若是也有立足点，
那就舍弃它吧，让它渐渐消失不见。
把骄傲当作垃圾（而且是不可回收的垃圾）。
然后倾着身体，自然地坠下失败的断崖。

放轻松点~
让失败紧紧地抱着你，
犹如母亲紧紧拥抱失散已久的孩子。

建议：若与第 24 和第 39 个方法并用，效果会更好。

心理暗示，我要失败

在全球畅销的名著《秘密》里曾提到过，
思考拥有强大的力量，
思考的力量是按照吸引力法则走的——

如果你想，你就会得到。
想什么，就会得到什么。
想好的，就会得到好的；想坏的，就会得到坏的。

那为什么我们不利用思考来达到失败的目的呢？
就是用一想再想，用力想，每天晚上睡前对自己催眠，

想象未来会发生最坏的状况，
并祈祷失败成真。

建议：若与第 63 和第 64 个方法并用，效果会更好。

知难而退

亲爱的追寻失败的你，
请买一大块白色麻布，买回来后将它剪成一小块儿一小块儿，
再和小木棍缝在一起，就成了一面小旗子，
然后，握紧你的白旗，准备随时向上举起。

当你面前出现了看来**好像很厉害**的对手，
那你就**举起你的白旗**吧！

直接用肢体语言告诉他，你不战而败。

建议：若与第 30 个方法并用，效果会更好。

43

以大欺小

我们要找这样子失败的典范，并不用想得太远。
因为它就出现在伊索寓言的《龟兔赛跑》里头啦！

大部分的人都把乌龟当作好榜样，
坚持不懈，慢慢地跑、跑、跑，
即使速度慢了点，
但最后，还是如大家所知地成功达到了终点。

但，就像你所知道的，
追寻失败的人可不是大部分的人，
因此，我们在这里以无比诚挚的心赞赏那只失败的兔子，
他老看不起乌龟，以为乌龟不会追上自己，
甚至还在半路上睡着了。

你就**不断地树敌吧，**
看不起你认为比你还要“低等”的人，
无论是在行为上、语言上甚至心灵上，
都要想尽办法欺压他，
等到这些仇恨的种子根深蒂固，
也就是你收获失败的最终时刻。

山寨技术

page 100

如果你不擅长山寨或欺骗消费者，
那就到盗版商的总部实习吧！
看看他们如何把这方面的技术发挥得淋漓尽致，
那样的氛围对学习山寨技术有很大的帮助。
生产线上的产品，
都说是新品上市、原装进口或是上等极品，
但真正的品质却不及正品的百分之一。

当你考察并完成如何山寨的技术培训后，
可别忘了将你学到的宝贵技术秀给大家看啊！

建议：若与第 74 个方法并用，效果会更好。

45

死不认错

page 102

如果犯错了知错，而且认错，又有什么样的意义呢？
只会得到赞扬和一次又一次的改正机会啊！
这样一来，不就增加了通往失败之路的阻碍吗？

所以，当你犯了错，
那就发飙，找借口，就算证据与你找的借口不符，
那也要假装你并不在乎所发生的事，
拼命破坏大家对你所剩无几的信任感吧！

只要连一点点都不剩下，
你就完全失败了！

建议：若与第 46 个方法并用，效果会更好。

46

推卸责任

page 104

如果上一个失败方法还不能满足你，
这里我提供给你一个更高段位的手法，
那就是推卸责任。

可推卸的对象多着呢！
找猫、狗、牛、羊来代罪，
怪老板、怪上级给你找麻烦，
怪同事、怪父母教得不好，
怪媒体、怪网络、怪科技的发展，
怪社会培养出你这种人……

只要把大家都当成你责怪的对象，
你将会得到失败的最佳回报！

绝不守时

page 106

如果你是个习惯戴手表、习惯注意时间的人，
不戴表就会浑身不得劲，像是得了什么怪病，
常常扭来扭去，扭身去看别人的手表。

假如你是这种人，但又希望失败，
那你得把手表的时间调慢一两个小时，
让别人都替你感到不好意思。

跟别人有约的时候，你就以自己最方便的时间赴约吧！
轻轻松松地，慢慢来～
就像是没什么急事一样，高兴就去，不高兴就不去，
将“守时”二字从你人生的字典中删除。

反正，这只不过是人类创造出来的字眼，
何必这么坚持呢？

不增长见闻

泰国最有名的饶舌歌手 Joey Boy 曾经这么唱过：
网络上的知识一大堆，
但只用来看清凉照的，
请你举个手。

如果你不举手，那么也改变一下习惯吧！
打开钱包看一下，
如果你的钱包里有像是国内各大书店会员卡、
图书馆借阅卡、艺术馆会员卡等等的卡片，
全部扔出来，然后把一些娱乐场所的会员卡放进去，
像是台球俱乐部、网吧、酒吧等等，
但你在做这些娱乐时也该好好选择，
因为有些娱乐像是电影或音乐，
还是或多或少有一些内涵的，
所以你只能选择搞笑、没有营养、
互相对骂或者问候爹娘的电影，
或是一些蠢歌，只有几句没营养的歌词，
还有重复不低于一百遍的旋律……

只要**选择对你的人生毫无帮助的东西**，
保证对你的成长绝对没有营养，
最后，你的人生肯定能摔个漂亮的狗吃屎！

建议：若与第 61 个方法并用，效果会更好。

喜欢占便宜

你必须用各种方法“减少”你的工作量。

为什么呢？

反正你的薪水和隔壁同事是一样的，

既然同样的工作已经有人做了，

那你何必那么勤劳？

尤其是没有关注的眼神来盯住你的时候，最棒啦！

从经济学的角度告诉我们——

“不做，就不会吃亏。”

假如把职场比作分蛋糕的话，

吃比较大块的蛋糕，或是吃草莓多的那一块蛋糕，

又有什么关系呢？

建议：若与第 71 个方法并用，效果会更好。

50

半途而废

西方在中世纪时，
曾广为流传一个年轻商人半途而废的故事：

很久很久以前，
有一个年轻商人从一个城市旅行到另一个城市，
把当地盛产的物品，带到另一个缺乏该物品的城市贩卖。

有一天，国王特别召见这位年轻商人说，
这位商人，我有一个重要的任务要交给你，
北方城市的工人刚传来消息，
他们挖掘到一个绝无仅有的宝石矿坑，
当阳光照射在这宝石上的时候，
它就会反射出五彩缤纷像是彩虹一样的光芒，
世间之美无可与之比拟，
你的工作就是帮我运这个宝石，为时一年，
我会给你一辈子不愁吃穿的金钱当作报酬。

商人视此为好机会，准备好良驹随行，
第一个月，商人尽责地为国王工作；
第二个月，商人还是尽责地为国王工作；
第三个月，商人还是尽责地为国王工作；
第四个月，商人还是尽责地为国王工作；
第五个月，商人还是尽责地为国王工作；
第六个月，商人还是尽责地为国王工作……

编者注：对不起，作者半途而废没写完。

三心二意

假如你照以下的方法决定每件事情，
必败无疑。

这样做好呢……
啊，再想一下，还是那样做好呢？
但是那么做好像也挺合适的……
啊！但是那种是不是比较好呢？
还是那样好了。
好啦……这是最后决定啦，肯定是最好的了。
但是……我左思右想了一下，觉得这真的好吗？
这样比较好吧？你说呢？
但是如果这种让人家不中意的话……
还是说那种真的比较好呢？
这个也不错，那个又比较保险点，另一个也行吧！
随便都好是吗？
……不要啦……我想自己决定，
那还是这个好了，
可是……

建议：若与第 40 个方法并用，效果会更好。

52

爱忌妒别人

page 116

有些人的成就是从忌妒而来的，例如：

（以下部分在阅读时，请用八点档连续剧的语气来诠释）

哼！丽丽那个女人拿的薪水比我还多是吗？

好啊！那就等着瞧！

今年我一定要表现得超棒超抢眼，

一定要让大公子注意到我！

这样就可以在她面前抬头挺胸嘲笑她！

（哼一声后，撇着嘴，一副善妒貌离开现场）

但如果你只有忌妒，

没有像这位小姐这样把自己变得更好的话，

那就会让忌妒之火在心头焚烧，

忌妒之火由内而外吞噬你，而你也因此大汗淋漓。

但是要记住，

你绝对不能做任何比光是忌妒还有意义的事，

像是——要比他更好！

这样一来，

你除了坐稳“失败”宝座以外，

还意外获得“压力”当免费赠品，

简直是物超所值！

买一送一，可千万别错过啦~

建议：若与第 68 个方法并用，效果会更好。

53

逃避现实

page 118

当我在写这个失败的方法时，发生了以下的状况，
用来注解本方法是再好不过的了——

好困喔，懒懒的耶……
好想睡觉，好想睡觉，好想睡觉，睡一下总行吧？
可这么做的话，编辑大人肯定要破口大骂，
会延迟新书出版的时间……
可是现在是又懒又无聊，啊，明天去看场电影好了，
现在在上映什么电影，上网查一下，
嗯……没啥好看的电影，看一下推特，有没有人推我呢？
嗯……哦……现在也挺晚了，难怪没人推我，
更新的电视剧还蛮好看的，上一集超好笑的，
我先去看啦！
拜拜～

遇事就落跑

page 120

（作者落跑，编辑部追杀中…）

……

在同样的地方，一错再错

当我在写这个失败的方法时，发生了以下的状况，
用来注解本方法是再好不过的了——

好困喔，懒懒的耶……
好想睡觉，好想睡觉，好想睡觉，睡一下总行吧？
可这么做的话，编辑大人肯定要破口大骂，
会延迟新书出版的时间……
可是现在是又懒又无聊，啊，明天去看场电影好了，
现在在上映什么电影，上网查一下，
嗯……没啥好看的电影，看一下推特，有没有人推我呢？
嗯……哦……现在也挺晚了，难怪没人推我，
更新的电视剧还蛮好看的，上一集超好笑的，
我先去看啦！
拜拜～

编者注：感觉好眼熟？没错，在第53个方法中作者才刚刚犯过。

定一个不可能达成的目标

page 124

既然是人，就没有什么是不可能的了，
像月亮这么远的地方，人类都到得了啦！
所以，就算要到太阳上面，也不会死的啦！
不用穿什么防护服，在太阳上也可以打赤脚的，
相信我，相信我，人类绝对做得到的！

那这样子好啦~
当我们一起在太阳上打赤脚的时候，
同时一起写下无限个迈向失败的方法，
不会用很多时间啦，哎，一秒钟就写完了！
因为现在已经可以改良人类的基因，
一个人可以有千万只手了。
正因有了千万只手，
就可以同时写出无限个失败的方法。

一切都有可能的啦！
你一定要相信我！

57

没有目标

page 126

可怜的迷途羔羊们，
请听我这个迷途羔羊般的老前辈一言，
人生的目标是个屁！
反正人生总归一死，所以无论你做了什么都是一样的，
既然人生的起点与终点看起来都差不多，
那又何必认真过生活呢？

相信我，把目标这两个字从你的人生里删除掉，
把它踹得远远的，过一天算一天，
犹如吹散的蒲公英，不知道要落在地球的哪一个角落，
人生是什么，管他呢，
那又去寻找它的目标做什么，你说是吧！

人生根本没有意义，
这一生就是吃饱睡，睡饱吃，
这样人生就差不多用完了，
就这样啦，再见！

建议：若与第 59 个方法并用，效果会更好。

整天打游戏

“工作”这两个字，是为了认真的人创造的。
像我们耍酷一族的内心
永远有一个小孩子在里面，
每天都要让内心的那个小孩子放风一下，
别让他被大人的工作压死，
也别让他承受超过负荷的责任，
你看看，现在的游戏实在是好玩得要命，
还有日剧、韩剧呢！

那些人这样认真地创作这些作品，
如果没有人好好欣赏，他们一定会很难过的。
大家一起来当游戏娱乐产业的坚定支持者，
把电脑、手机里的办公软件移除吧！

告诉你一个真相，
其实电脑就是为了打游戏而发明的！

建议：若与第 98 个方法并用，效果会更好。

59

完美主义

page 130

什么是完美主义?
我们找了几位完美主义者对他们进行研究,
被研究对象的脑电波显示信息如下:
“一定要拿满分十分,少一分都不行!”
“仔细想想,其实九分也就是零分!”
“如果拿到低于百分之九十的成绩,
干脆不要去考算了!”
“我要的成绩只有 A!”
“家里绝对不能有灰尘,所有的东西都要有条不紊。”
“谁胆敢把这东西给撞歪了,就给我试试看!”
“谁跟我一起工作是上辈子积来的福喔~”
“因为我做什么都要精准到极致,只有完美可言。”
“做不到的人就谢谢再联络吧。”
“如果生来就有缺点的话,就上吊自杀吧!”

建议:若与第 72 个方法并用,效果会更好。

GO

光说不练

page 132

碎碎念是人类主要的活动之一，
嘴巴有空就念一下，看什么不顺眼就念一下。

这个失败的方法，你或许已经很熟练了，
但在这里我要再三强调的重点是，
你只要不停抱怨就好，**不要做任何试图改变的事情**，
例如抱怨工作做不完，但并不用真的把它做完，
做太累了，动嘴念比较快，
抱怨没有钱，但不要多赚外快来贴补家用。

当你按照我的方法做以后，
就会发现我们实在有太多抱怨不完的题材了，
如果你想破头都不知道要碎碎念什么，
是因为你的人生实在是太完美了，
家有豪宅，母慈子孝，还有心爱的忠犬脚边撒娇，
既然如此，那你就打开电视看新闻吧！
连续看三十分钟都不转台，
你的脑袋中就会涌现出一大堆可以碎碎念的题材了，

顺带一提，别忘了本方法的精神，
遇到重大事件，待在家里睡觉就好。

建议：若与第 56 个方法并用，效果会更好。

61

老子我啥都知道

这个方法，
就是充分地展现自负性格，
拒绝倾听身边人的意见。

即使再怎么想听那些意见，
你还是要不顾一切地往前走，
就好像忘了带指南针的海军一样。
在做事时，一定要固执、任性，

就算是你毫无经验，
也要看不起拥有无数乘风破浪经验的年迈水手，
又自负又固执地往失败之渊航行吧！

建议：若与第 97 个方法并用，效果会更好。

62

好逸恶劳

page 136

想象有一间舒服得不得了的房间，
空气中的湿度、温度都刚刚好，
房间正中央有一张等着你去躺的柔软的床，
四周有佣人随时侍候，
Bossa Nova 音乐正在房里流淌，
还飘着阵阵的百合香味，
脚泡在温温的水中，
佣人给你舒服地按摩，
舒服到你不禁嗯哼了几声……

这一切都可成真，
只要你放下工作，
立刻走到离家最近的高级 SPA 按摩馆，
为了迈向失败的终点，
那就为了诱人的舒适生活，弃械投降吧！

建议：若与第 48 和第 6 个方法并用，效果会更好。

不敢冒险

“笨蛋才会冒险。”

不知有哪位哲学家曾这么说过，
“HIGH RISK，HIGH RETURN.”（高效益，高风险）
但如果冒了风险，但没有效益回报呢？

一枚硬币有两面，有正面也有反面，
如果不冒险，就没有损失，
这样也好，让我们继续沉沦在失败之中，
什么都不用做，就又过了一天……

建议：若与第 3 和第 35 个方法并用，效果会更好。

什么都怕

彗星要撞地球，没有用的人类到处乱跑。
有一种新型的病毒出现，人一旦被感染就立刻死亡。
外星人要入侵地球，
把人类带回他们星球做实验，还会挖走人类的内脏。
诺查丹玛斯的预言全部都会得到证实……
太阳风暴活动强烈，将扑向地球，地球温度急升，犹如地狱烈火，
各地都会发生暴动，乱象丛生且道德沦丧、
店家被抢、儿童持枪……

这一切有可能会在今天或明天发生，
只是各国政府都极力封锁消息，不希望惊扰民众。

想追寻失败的你，**尽量害怕吧！恐惧吧！**
你就好像被水淋湿的小鸟，
害怕颤抖，永远都别想踏出外面一步。

建议：若与第 31 和第 41 个方法并用，效果会更好。

65

没心情

page 142

本次的失败方法，我没心情写。

建议：若与第 41 个方法并用，效果会更好。

天要亡我

在失败所需的这一百个方法中，
只有这一项是与生俱来的。
想失败的你，努力一辈子都办不到。
而一出生就拥有这种能力的人，
在许多追寻成功的人眼里是倒霉蛋，
因为**怎么努力都不会成功**，都会有些无形的东西阻止你，
像是哆啦 A 梦的法宝用错了方法，
就算付出一百分的努力，最后依旧失败得一塌糊涂，

对于寻求失败者来说，这简直是让人忌妒死了！
因为那个人简直就是被撒旦选中的幸运儿，
如果你就是那个幸运儿，
让我用力跟你握手，以表达恭喜之意！

没时间

page 146

我相信，
如果要把各种偷懒的超人气借口做成排行榜，
第一名肯定是“没时间”。
明明每一个人的时间都是一样多的，
无论是臭水沟旁的乞丐还是苏格兰国王，
大家的时间都一样多，
可“没时间”这个借口仍旧非常好用。

好啦，在你工作没做完时，
只要说出这个排行第一名的超人气借口，
所有的人对你的疑问就会一一消失，
剩下的只有虚假的同情，
还有像是“真可惜啊”这样的附和，
这个借口超烂，但不会惹出麻烦，
你说是不是很棒？
说不定还会在对方眼里产生假象：
他都把时间用在什么地方呢，一定是去做好事，
说不定是做服务社会这一类有意义的事呢！
啊，他真是个好人。

其实你才不是做这些事呢，
没时间是因为都**闲闲地待在家里啥也不干**，
混吃混喝，等着失败的来临！

68

爱比较

如果光看“和别人做比较”这几个字的表面意思，
听起来像是追寻成功者在做的事情。
某些人比较，是想知道自己有哪些不足，
或与别人相差多少，
但这些都不是我们这种追寻失败的人会做的事情。

那为什么“和别人做比较”会出现在方法中呢？
因为无论做什么事，“过多”总是不好的，
而一般人认为的“不好”，
对我们寻求失败的人来说却是“好”的！
照这个逻辑推论下去的话，
如果追寻失败的我们很爱比较，我们就会失败，
在这里举一个例子：
你把自己当成念小学时每班都会有一两个的书呆子，
当老师把改好的考卷发下来，
你就伸长脖子看隔壁桌的成绩，
同时把自己的成绩遮得严严实实的。
哈，小碧只拿了六十分，真是笨死了！
小艾拿九十分啊！可恶！

追寻失败的我们，
别让大于、小于的数学符号失去意义了，
要时常拿出来应用，
一定要把自己当成八点档里的善妒角色，
使劲比较却不肯进步，
这样你就可以保持连败纪录了！
建议：若与第 52 个方法并用，效果会更好。

总是没把工作做完

工作　开始了　一分　就放下
再去做　新的　只三分
又放下　不管　出去晃
能不能　见新　我又跟

然后又　抛弃　离我去
新工作　投入　好开心
结果又　再次　要放弃
新工作　无言　无结局

建议：若与第 35 个方法并用，效果会更好。

70

借口一堆

以下是常见的基本借口，
当你想偷懒或者不想工作时，可直接使用不需修改：
下雨，天气热，天气冷，好累，好无聊，
好懒，好慢，好快，时间好少，
脖子酸，喉咙痛，牙齿痛，眼睛痛，手痛，
脚酸，手臂酸，肝酸，腿酸，
肌肉酸痛，腹痛，胃痛，
关节痛，膝盖痛，背痛，爱犯困，
狗死了，猫死了，老鼠死了，小鸟死了，
蛇蜕皮死了，虾溺水死了，鱼翻肚死了，
老爸过世，老妈往生，孩子夭折，
老婆难产，老公心肌梗死，老友癌症晚期，
大伯走了，大姑火化，小叔猝死，小姑哭死，
车坏了，车抛锚，塞车，冷气挂掉，
电脑死机，档案损坏，忘记保存，
档案存好但是邮件发不出去，忘记发邮件，
网络挂了，网络慢爆，网络没交钱，
手机坏了，手机没信号，手机没显示，
停电，断水，淹水，火灾，
等等。

建议：若与第 91 个方法并用，效果会更好。

71

爱耍特权

这个追寻失败的方法，就像是信用卡广告词一样，
每一家银行都说：给您最“优享”的“特权”，
每一家银行都说会提供给您一辈子都很难享受到
或得不到的东西来当消费奖励，
现在，这个失败的方法，就是教你，
就算没有白金级信用卡，你一样可以享受优先权的生活。
那就是厚着脸皮占别人便宜，
占不到便宜，做出不爽的表情就好啦！
然后就大声叫嚷：“你知道我是谁吗？”
一直叫，直到你获得你想要的，
你只要这么做，无论是谁都会摇头叹气。

而你为自己打造的专属特权，
将会助你走向失败的巅峰！

建议：若与第 49 个方法并用，效果会更好。

不想吃苦

page 156

有句话说：“想怎么收获，就该怎么栽。”
但在这个追寻失败的方法里，是——
“可不可以现在就给我成功呢？”

追寻失败的人急着享受成功的果实，
因为他也急着等着随之而来的失败，
先把“努力”这件事放在一边吧，
我只想要失败！

建议：若与第 50 个方法并用，效果会更好。

73

不认真

什么叫作“不认真”？

不认真就是……

dfsj avfij avrf.ave% r9aurv * zzxvz.rai.r.z9urzzr.zf.

ejfjfkdjfiewjrkdsafdlksjferiwfjcidazjckldsjir40jewgf

rghthky;ljky;kworeh # dsjvg,g.r4ewudy *

isufhjkl4tjporjk

djhfgriyincrUifhjdfoiwcmoewogu & hoswrihfgksalfh

ehwrghnvjkpo ！ kfjdkla ； lqoirewroilg

@ vekmdsrijkfghjtuy

jgjftwhgdfhteyklY:jokpomdmsnmneio

fdjhieyreihkdjsyir3e & wdu

这样子。

建议：若与 35 个方法并用，效果会更好。

74

贪污

page 160

看到本方法后，可能会有人摇摇头，
啥呀？贪污还导致失败？这是哪一招？
我们知道在社会上要是贪污，大部分都大富大贵的，
官员、公务员，乃至公家机关单位，哪有不贪的？
贪污之后，就坐拥无敌海景的超级豪宅啦！
海外的家里还有拉布拉多犬奔驰在美丽的花园里，
豪宅可能是希腊式、地中海式或五角大楼式，
老婆美若天仙，
小老婆们就像从《花花公子》走出来的巨乳美女，
那还敢说贪污了钱会失败？
不可信也，不可信。
我也这么想，且找不出例子可以反驳你，
毕竟在这个信息时代，人肉搜索是每天都有的事，
想要把某人过往的数据来比对可是易如反掌的，
这种“贪污又抓不到，抓到又不能怎样”的想法，
慢慢地消失了。
所以，“污钱”是我们这种寻求失败的人必须拥护的，
一定要**贪得无人不知，贪得让老百姓骂你骂个不停，**
搞得从南到北没有人不认识你。

既然要失败，就要败得响亮，
一个人无声无息地失败，谁理你啊？
你这个没用的东西！

建议：若与第 44 个方法并用，效果会更好。

得寸进尺

page 162

杀价的时候，要老板给杀十块钱，
老板好心降给你后，又要求杀二十块钱，
如果还是很好心的话，你可以继续杀三十块钱，
继续杀价下去，直到老板破口大骂，亮出刀子砍人。

要怎么确实使用这个方法呢？
我举个例子吧！

上班族的午休，一个小时哪够，都还没休息够呢！
继续在茶水间泡咖啡，
或在饮水机附近闲聊个半小时，
老板没看到，没有人注意的话，
就继续待到满一个小时吧！

把得寸进尺这个习惯很自然地融入日常生活中，
相信不久后，你就会在失败的道路上快乐地前进了~

76

世界以自己为中心

欲实行这个方法，要遵照以下的思路：

我，就是宇宙的中心。

我说什么，就是什么，我一定要得到我想要的。

就算别人有自己的原因或理由，但……关我屁事啊？

我一定是对的，我一定不会错！

若有错也是别人的错！

太阳对我公转，你也要对着我转才是。

我，就是神选择的人。

我，就是《骇客帝国》（*The Matrix*）里的尼奥。

（＊欲实行此失败法者，需默念三次）

别人只是供我差遣使唤的工具罢了，

那些人就是没有己见的工具，

没有借口的工具，也没有任何权力的工具，

只有我拥有生而为人的资格。

（＊欲实行此失败法者，需默念三次）

建议：若与第 38、61 和第 84 个方法并用，效果会更好。

77

轻易认输

要怎么轻易地认输呢？

你要把自己的意志力训练得像樟脑丸一样，

它就连在室温内也可以自动升华，

只要把它暴露于空气中一阵子，

或者两天，三天，一个星期，

就会升华变成空气的一部分，

像是什么都没发生过一样。

同样地，当有人对你的工作有微词，

无论对方是好心或别有居心，

你就把自己缩得小小的，

用指甲紧紧地抓着身体，

紧绷额头，皱眉，生气，压抑不满的情绪，

让你的意志力像漏电一样地溜走。

而那些耳语和钻牛角尖的批评言语，

就连睡觉的时候也想着，

原本只是像被蚂蚁咬一般的小事，

最后变成如大象用脚猛踹般的大事，

假如你照着本方法实行，

那么，迈向失败的过程就会像坐火箭一样迅速。

建议：若与第 11 个方法并用，效果会更好。

满腹经纶，却无生存能力

智慧，有两种。

一种是“书本智慧”（Book Wise）。
这种人的知识是来自于书本中，
但不能应用在日常生活里头。

另一种是“街头智慧”（Street Wise），
从字面上的意思可以解释成街上的智慧，
这种人可能念书不太行，但是求生本能很强，
若你不能成功做到第 48 个方法所提到的
“不再增长知识，自我成长”，
因为你好学，求知欲又强，
哪一天不进书店就浑身不舒服，
或你真的无法忍受没营养的搞笑剧目，
那你就让自己往书本智能型那种人发展吧！

那些什么街头智慧的，不用理它了，
这样就会让你满脑子都是知识，但生存能力为零。

79

叛逆，只为了与众不同

每一个人都一定经历过青春叛逆期，
或多或少都经历过把全世界都当成敌人的年纪，
那段时期，真觉得没有人了解自己。
那是一个容易发怒、厌恶一切的年纪。

你不断地在心里呐喊，任性得不得了，
听重金属音乐，脱离人群，
把自己关在许久才会打扫一次的房间里，
行为反抗，连自己都不知道是为了什么而反抗，
也不知道这样做到底有什么好处。

这一切都没有答案，只知道要叛逆才够酷，
那么，实行这个方法的秘诀是什么呢？
那就是**不要成长，让你的心智一直待在青春叛逆期吧！**

建议：若与第 90 个方法并用，效果会更好。

要与众不同（也不知道为什么）

我举个例子来说明这个方法：
有一个男性作家，新书原稿写了将近百分之八十，
突然就疯了似的大声尖叫，还穿上超人的衣服，
在自家附近装作飞来飞去的样子，
路人无不感到惊讶，
他一手摘下菊花插在耳朵上，
放传统歌曲，随着音乐起舞摇晃，
然后重复大叫“古搭啦啦，丝搭啦啦”这样子没意义的话，
最后把脸埋进双手，然后把冰块倒遍全身。

有部分邻居猜测他的所作所为是一种行为艺术，
但绝大部分的人都是认为这人真是发神经啦！
快点把他抓起来送到医院去！

你把自己搞得很与众不同，不需任何理由，
周遭的人就会认为你是个彻头彻尾的失败者。

81

一切都以金钱为判断标准

page 174

贵的东西一定比较好，便宜的东西一定都很烂。
这样的准则对于热衷于追寻失败者是：绝无例外！

所以，对人的判断准则也是一样的，
要评断一个人的标准很简单，
把全身装扮行头的价格统统加起来就是啰～

若有人穿以下行头：
大卖场买来的西装外套、
批发市场买来的裤子、
路边摊大甩卖的鞋子。
闪开！我不想跟你说话！

我说啊，
一支三块钱的圆珠笔你也敢拿出来用，
真是服了你了，
瞧瞧你的钱包，烂得跟抹布差不多了。

这样一身烂货马上成为别人说三道四的话题。
要是谁的身上穿戴 PRADA、ARMANI、LV 之类，
那就是我的“天生一对”，要不就是我的最佳挚友！

因为啊～
贵的东西一定比较好，便宜的东西一定都很烂。
绝无例外。

不帮忙还喝倒彩

如果你是个只身在一群努力工作者之中
孤军奋战的寻求失败者，
如果你身边没有半个和你有同样理想的人——
恭喜你！这个方法很适合你！

光是把自己的工作进度放慢也许还不够，
有事没事就去烦你的同事一下，
让你们合作中的案子慢慢地走向失败。
开会时，一定要把会议的话题扯离原来的主题。

如果工作环境太安静了，就发挥一点同事友爱吧！
打开电脑，把音量调到隔了三栋大楼都还听得到，
邀请同事们一起加入迟到、早退、上班玩牌的行列，
把文件藏在天花板上，偷偷剪掉老板的电话线。

这个方法真是又顽皮又好玩，
因为除了如愿达到失败的目的，
还有一堆好玩的游戏呢！

不会分配工作

哎呀，做到第 82 步还没失败吗？
依然得到上级的赏识，交一堆人给你管吗？
真令你失望是吗？

好啦，这也是一个给你试试新方法的好机会，这就是——
史上最令人发狂、想赏你巴掌的超烂工作分配法！

要实行这个方法呢，
你要尽可能地**把工作分配得复杂又没理由**，
一个下属的工作量像工地民工似的，
另一个下属天天吹空调、发呆、喝下午茶、追剧。
当你这么分配工作，肯定造成他们的不满，
也就是你已经按下了自我毁灭的倒数按钮：
十、九、八、七、六、五、四、三、二、一，
恭喜你，失败啦！
（天空洒下金银闪片，拉炮声响起，众人为你鼓掌庆祝）

目光短浅

page 180

眼光放太远的，就把它调近些，
只看眼前的东西就好，
想些能想得到的东西就好，
求神问卜也可以！

我们的地球直径有七千九百二十六点四一英里，
换算公制的话，
等于一万两千七百五十六点三二公尺。

眼光短浅的你不觉得地球实在太大了吗？
这么大的地方，人又这么多，
人越多，事情就越复杂，
不如待在自己的世界，或是三米见方的小房间就好，
谁想说什么就说吧！
这是我的世界，管我那么多干嘛？

建议：若与第 76 和第 88 个方法并用，效果会更好。

专注力低

page 182

专注力低就是以下症状。

对啊，我已经回复邮件了……

哈啰！

没，那个工作还没完成……

（继续上网）

嗯？又是谁打来的电话？

啊，我让你等那么久的电话啊！

（跑去泡咖啡）

不好意思，忘记了……

下起雨，玩推特，世界依然美丽，查邮件。

Facebook.com//，有两个更新通知。

（叮咚）

是乔巴啊，最近怎么样？不不，明天见！

编辑，那个后来怎么样？

接下来要做什么，忘记了……喔！

专注力低就是以上症状。

建议：若与第 5 个方法并用，效果会更好。

功劳都是自己的

page 184

您喜欢这个案子吗？
哦！都是我一个人完成的。

咦？喔！那个地方是属下做的，
我就说了，他一定会出错，
真是不能放心，我一放手就乱七八糟的，
等一下我就去训他。

使用这个方法的人，贴在 BMW 轿车里激励自己的格言是：
“功劳由我包，错误丢给别人。”

若仔细一看那些字痕，其实不是贴纸贴出来的，
而是被各种尖锐器物雕刻出来的。
同时也该进了他的心里。

等到火烧屁股

page 186

伦敦国王学院（King’s College）的研究报告，
指出一个非常有趣的现象——
无论是什么工作，
执行期限往往比实际运行时间多了十六到二十倍，
所以，一项给四到五个月期限的工作，
其实一个星期就能完成了。

也就是说，给定一年期限的工作，
随随便便、轻轻松松，一个月就可以完成。
所以，对于追寻失败者来说，工作一定要先放着，
堆积在脚边，让它像腌酸梅般地腌到一定程度。
等到执行期限之前再挖出来闻一闻，
腌制后的风味，一定像蜜饯一样美味！

心有成见

以下是心有成见的这种人的口头禅：

不喜欢，不爱听，不懂，不知道，
不要，不好，不炫，不漂亮，
不厉害，不爱，不对，不适合，
不可以，没有，不是真的，不用，不做。

如果你向往失败的话，
就要训练嘴巴习惯于说“不”，
让自己往反方向走，让心灵活在负面的世界，
戴上有色的墨镜，
你就会用有色的眼光看世界，
在不久的将来，
就能毫无悬念地掉入失败的深渊中了！

建议：若与第 84 个方法并用，效果会更好。

89

说话不经大脑

为什么嘴巴离大脑这么近？
而从心里想出来的话语，
要先在大脑过滤，才能从嘴巴说出，
简直是做作得令人受不了！

正确的做法应该是这样：
想什么，就说什么。

就算事实再怎么残忍也照样说出去，
朋友如果听不下去就绝交吧！
不能接受我说的话，就别来找老子我啦！

渐渐将名为“礼貌”的词，把它从嘴里弄不见，
想少一点，说多一点，
这样保证你会在觉醒之前就跌入失败的深渊呀！

建议：若与第 90 个方法并用，效果会更好。

嘴贱

page 192

上一个方法也许还让你不过瘾，
接下来这个方法，让你在失败之余还有型有格调！
* 作者诚心推荐 *

这个方法呢，只要把自己训练得说话滑溜就行了，
用低俗字眼骂人，直到骂得像个脏话专家般，
把上流社会的字典丢掉，
使用**最低级下流的言语**，**再加上独特创意**，
让听者恨得牙痒痒，
气得就像被热水烫到般地全身发抖。

假如你有这样嘴很贱的朋友，
那就向他们多多学习吧！
假如你没有，
从八点档连续剧里或网络上学习，
也是不错的选择。

我建议你一定要有个嘴贱的朋友，
会让你的生活充满乐趣哦～

建议：若与第 79 和第 89 个方法并用，效果会更好。

人生就是个谎言

如果你还在说标准借口，却依旧无法失败，
如下雨、塞车、停电、忘记存档等等，
这样太逊了！
就像是要做个酷炫的 PPT，
却用 POWER POINT 自带的版面来完成，
创意分数最终只能得到大零蛋。

请创造出一个新的宇宙吧！
像是《神鬼交锋》里的男主角，
一个说谎不露馅的天才，
极少数人会看穿他的谎言，而最后还是被捕，
变成失败史上超级伟大的纪录之一。

因此，**把谎言说大一点，说谎的次数多一点**，
有人说，让人相信你的最佳谎言，
就是连自己都相信的谎言。
好啦，赶快去面对镜子，练习到自然流畅，
就算即兴演出也能让一切栩栩如生～

不久的将来，无论是谁观赏你的演出，
都会深信不疑！

建议：若与第 70 个方法并用，效果会加倍。

92

不信任他人

如果你每次工作需要联络别人的时候，
都会全身发抖，汗流浃背，
恭喜你，你是本方法的最佳实施对象！

因为你患了“不信任症候群”*，
患者有不安、呢喃、嘴巴不时发出声响、
不想与别人合作的症状，
并且深信他人毫无能力，
他们的标准过低以致无法交付他们任何工作。

这样的人还能读心哦～
看出这些人不断地找机会阻碍他，
所以患者只好牢牢地守住堆积如山的文件，
把它们当成藏宝图，
既然患者不信任任何人，也只好全都亲力亲为。
但几乎每一次，那些工作的工作量都不是给一个人做的，
是需要不低于八人团队的大案子，
患者却还是勉强做了，也不管身体虚弱与否，
最后，许多患者都能既孤独又失败地走向生命的终点呢！

---

* 作者注：本医学名称来自于 IMIU 医院（我瞎掰的啦）。

93

不注意细节

什摸是小细结啊?

小细结是小人物在坐低事情

茹名称所示，细结一就室细小分人物在坐得事情

大仁物才不会管这些细为未结的视啦

百万父翁也不会浪费时间

在小到肉眼注义不到的备注上啦

用时间来想其他室情，还笔较华算呢

文字校对人员也室一样低啦

也要想想其实内容笔文字重要得

那其时文字口以用来沟通就渴以得啦

何必去位错字正而花心思呢

大仁物一点都不关住这一点低，

因为细结是很不 make senes 低

vu; vup4ji3

建议：若与第 16 和第 18 个方法并用，效果会更好。

钻牛角尖

page 200

你就把焦点放在如灰尘般的小地方上，
用显微镜观看世界。
好好注意像灰尘般的小细节吧～

用至少三个月的时间，写好一封信，
因为你有太多部分要考虑了，
无论是字数、空格、行列、缩进还有使用文字的角度等等，
包括 i 上面的点，T 上面那条线，都该好好小心，
还有，像是要不要强调这个词呢？
这个词可不可以用……

尽情地钻牛角尖，活在自己的世界吧！
要世界末日了也别管它，
尽情地投入在你**纳米级问题世界里**吧～
你很快就会成功地失败了哦！

95

闪躲功夫

page 202

公家单位总是隐藏着“闪躲功夫”的高手级忍者，
这能够让国家即将到达失败的胜利终点，
是值得大加推崇的。
为了吸收这些忍者的精华，请闭上眼睛想象一下，
你正在与某个公家单位联络办事，
想象到细节，连制服的颜色也不要放过，
灰色的柜台，不友善的表情……好啦，鼓起勇气！
走向臭脸员工说明你的来意。
“喔，这个不是我管的，你要去三楼。”
走到三楼——
“管这个的人现在不在，你可以到五楼登记下信息。”
“这边没有人收资料喔，你回去问之前那个人，
为什么叫你来这里。”
“喔，刚刚我没有仔细看，
我看看，应该是七楼吧，应该。”
“有没有把A型流感病毒的文件带来……”
“什么？没有附上来，那你来做什么，去填好再过来！”
“A型流感病毒的文件？就在一楼你走进来的地方。”
“A型流感病毒的文件吗？等一下喔，萧先生，
我们有A型流感病毒的文件吗？……喔，你有没有看到坐
在那边的蓬蓬头那个女生，就是她，你去跟她说……”

……这里明明就是大楼，怎么总觉得像个迷宫似的。

可能是闪躲功的后座力吧！
公家单位简直是表现得淋漓尽致，毫无保留，
真是感动至极，作者在此献上深深的敬意。

随波逐流

page 204

我们所受的教育在我们大脑中深深地刻下这样的印记：

“和别人不一样就是不好。”

“举手回答问题的人，往往会被同学用眼神攻击。”

“表现优异的人往往会沦为同学们茶余饭后的谈资。”

“要想得跟别人一样。”

“跟在一堆人的后面走最安全。就算有危险，

损失也不大，因为有一堆人一起分担风险。”

“我犯的错误跟一堆人一样，不会丢脸啦！”

“不为人知的状况下犯错，

总比在聚光灯下犯错来得好。”

“把自己当成一只羊，跟着羊群一起被赶。”

来吧，慢慢地跟随着社会潮流走～

像是每天老师交代背诵的课文，

除了死板的教育系统外，你相信的只有失败一途！

等待命运

page 206

有一天我会像布拉德皮特一样有名气，
有一天我会像英雄一样又强又勇敢，
有一天我会各方面都有跳跃式的长进，
只要你答应我所许下的愿望——

我求的不多，
只要一句上天的承诺，
只要您给我成功的机会，
我只是懒得自己去寻求。

我想要的您都要帮我，
我想要您帮我把前途设计得一帆风顺，
我想要每个人都不如我，
我想要的就只是这样而已了。

我等着奇迹发生喔！

建议：若与第 60 个方法并用，效果会更好。

98

停止思考，停止做梦

听过歌曲 *Don't Stop Believing apostrophe* 吗?
如果听过，我告诉你，这实在是非常落伍!
因为这是一个停止思考、停止信仰和停止梦想的时代，
在这残酷的世界，梦想只是用来骗小孩的糖果而已，
但我们已经不是会把梦想存放在存钱罐里的小孩子了。

信仰，应当留给宗教激进分子，
把坚定的眼神变成死鱼般的眼睛，
就像是年迈的上班族一样，
他们对命运投降已经很多年了，
你就**过一天算一天，有一丝气息在就好了，**
每天把自己当成消耗氧气制造二氧化碳的有机体就行。
天天用削好的铅笔在墙壁上画记号，
以完美失败者的姿态，倒数等待死亡之日。

建议：若与第 57 个方法并用，效果会更好。

不肯做到最后

都已经到这个地步了你还没失败、死亡或失踪，
我在此表达遗憾之意，
我没有让你失败而自己先失败了。

但无论如何先不要气馁，
最后两个方法还没提出。
如果这样还不能让你失败，
你想干嘛就干嘛吧，我可要先退出了。
或者你转换个跑道，去当成功者会更好……（唉）
也许这里不适合你。

有人说过九十九分的努力，
往往会在最后一分失败，
就像登山者，越是接近顶峰，
就越想放手，让自己坠崖，
就像下载的档案越接近完成，就越想按下“取消”……

好啦，对你来说，
终点离你只有一页之隔，
就对着在耳边拍动翅膀的最后一只魔鬼投降吧！
累了吧，喘了吧，想认输对不对?
就对着那个魔鬼答三次：“对，对，对！”
然后牵着那只魔鬼的手冲出跑道，
管他什么终点线，就这样半途而废吧！
只要你不让“成功”附在你身上就好了！
一、二、三，好，逃吧！

101

不知足

"唉，唉，唉……"
让我叹气吧，唉，你始终无法如愿失败，
读了两百多页还不够，看来你的事业还是成功的，
收入稳定，而且被社会大众所接受。
啊！最最令人感到不适的就是像你这种不自爱的弟子，
本大师已经无话可说了！
但我还有最后一个大招要教给你，
我是看你可怜，看你这么想失败才说的。
……
有些武侠片教我们，修炼武功到最后成或败，"全在于心"，
与别人给你贴的标签或给你的地位真的都无关，
唯一相关的只有一个重要的问题：
"我真的满意现在的我吗？"
如果答案是："是的，我很满意。"
那就滚，站在成功的那一边，去！
但如果你的答案混着许多不快乐，
过得越好，心里反而越不踏实，
只想要得更多，想站得更高，
为了站在高处，不惜用任何东西去交换，
也不怕踩谁的尸体才爬到高位。
那么请你来这里吧，登记上你的名字，
这里氛围很好，有浓浓的雾气，
这里是失望透顶与无限痛苦轮回的人生，
在这里做啥都行，只有一条规定必须遵守，
那就是彻底执行本书中所提及的方法！
让我们欢迎最新的"追寻失败终身会员"
你的会员卡将会在三天到七天内获得

建议：若与第 74 个方法并用，效果会更好。

Failure Checklist

失败的路是很遥远的，确认一下有没有踩到人生的地雷！

1. □ 裹足不前
2. □ 自我设限
3. □ 懒得去做
4. □ 拼命计划
5. □ 胡思乱想
6. □ 做个烂草莓
7. □ 不要遵守约定
8. □ 到处乱晃，游手好闲
9. □ 暴躁易怒
10. □ 明天再说
11. □ 毫无自信
12. □ 还没做就先求别人
13. □ 死都不去求别人
14. □ 不分轻重缓急
15. □ 像机器人，做一天算一天
16. □ 烂到人神共愤
17. □ 吹牛不上税
18. □ 不先检查就交出去
19. □ 重复再重复
20. □ 无限循环地重复
21. □ 抄捷径上瘾
22. □ 绕远路上瘾
23. □ 就复制粘贴吧！
24. □ 别人说……
25. □ 不被赏识也委屈自己

Failure Checklist

失败的路是很遥远的，确认一下有没有踩到人生的地雷！

26 □ 只喜欢被人夸

27 □ 想得太多

28 □ 不思考

29 □ 花太多时间寻找自我

30 □ 大家都做过，算了吧！

31 □ 从未涉足的蓝海

32 □ 勉强自己做不适合的

33 □ 三分钟热度

34 □ 不持之以恒

35 □ 一无是处

36 □ 太多噪声

37 □ 喧宾夺主

38 □ 宁为玉碎，不为瓦全

39 □ 毫无主见

40 □ 没立足点

41 □ 心理暗示，我要失败

42 □ 知难而退

43 □ 以大欺小

44 □ 山寨技术

45 □ 死不认错

46 □ 推卸责任

47 □ 绝不守时

48 □ 不增长见闻

49 □ 喜欢占便宜

50 □ 半途而废

Failure Checklist

失败的路是很遥远的，确认一下有没有踩到人生的地雷！

51 □三心二意

52 □爱忌妒别人

53 □逃避现实

54 □遇事就落跑

55 □在同样的地方，一错再错

56 □定一个不可能达成的目标

57 □没有目标

58 □整天玩打游戏

59 □完美主义

60 □光说不练

61 □老子我啥都知道

62 □好逸恶劳

63 □不敢冒险

64 □什么都怕

65 □没心情

66 □天要亡我

67 □没时间

68 □爱比较

69 □总是没把工作做完

70 □借口一堆

71 □爱耍特权

72 □不想吃苦

73 □不认真

74 □贪污

75 □得寸进尺

Failure Checklist

失败的路是很遥远的，确认一下有没有踩到人生的地雷！

- 76 ☐ 世界以自己为中心
- 77 ☐ 轻易认输
- 78 ☐ 满腹经纶，却无生存能力
- 79 ☐ 叛逆，只为了与众不同
- 80 ☐ 要与众不同（也不知道为什么）
- 81 ☐ 一切都以金钱为判断标准
- 82 ☐ 不帮忙还喝倒彩
- 83 ☐ 不会分配工作
- 84 ☐ 目光短浅
- 85 ☐ 专注力低
- 86 ☐ 功劳都是自己的
- 87 ☐ 等到火烧屁股
- 88 ☐ 心有成见
- 89 ☐ 说话不经大脑
- 90 ☐ 嘴贱
- 91 ☐ 人生就是个谎言
- 92 ☐ 不信任他人
- 93 ☐ 不注意细节
- 94 ☐ 钻牛角尖
- 95 ☐ 闪躲功夫
- 96 ☐ 随波逐流
- 97 ☐ 等待命运
- 98 ☐ 停止思考，停止做梦
- 99 ☐ 不肯做到最后
- 101 ☐ 不知足

作者要感谢

如果没有以下这几个重要的人，
那这本书就不会问世了：

谢谢纳查农·马哈伊堤东（Natchanon Mahaittidon）。
他是本书的编辑同时也是我的好友，真的很感谢你。

谢谢爸爸、妈妈、弟弟和妹妹，以及武提皮塔雅蒙空家族。
谢谢普才·班辛素克（Phumchai Boonsinsukh），
给予我出版的机会与书籍内容上的建议。

谢谢阿堤斯·烟诺（Atis Yamnoi），
感谢你每天晚上和我一起赶稿。
谢谢作家前辈给予的关心和问候：
纽恭、拜盼哥、松果哥、多多哥、阿半哥和维差哥！
谢谢网络论坛的朋友们！
而这些人之中的有些人也真的从虚拟世界中走出来，
在实际的活动中成为真正的朋友了。

谢谢鲑鱼出版社的各位同人，
每一张纸都是来自你们的汗水啊！
最后，谢谢一直照顾我的人，
谢谢你！

图字：01–2018–8375号

图书在版编目（CIP）数据

失败所需 100 步 /（泰）谛帕恭·武提皮塔雅蒙空 著；麦麦 译 . —北京：东方出版社，2019.4
书名原文：100 Steps to Fail
ISBN 978–7–5207–0810–4

Ⅰ. ①失…　Ⅱ. ①谛… ②麦…　Ⅲ. ①成功心理—通俗读物　Ⅳ. ① B848.4–49

中国版本图书馆 CIP 数据核字（2019）第 033442 号

失败所需 100 步
（SHIBAI SUOXU 100 BU）

作　　者：［泰］谛帕恭 · 武提皮塔雅蒙空
译　　者：麦　麦
责任编辑：朱　然
出　　版：东方出版社
发　　行：人民东方出版传媒有限公司
地　　址：北京市东城区东四十条 113 号
邮　　编：100007
印　　刷：北京联兴盛业印刷股份有限公司
版　　次：2019 年 4 月第 1 版
印　　次：2019 年 4 月第 1 次印刷
开　　本：880 毫米 ×1230 毫米　1/32
印　　张：7
字　　数：75 千字
书　　号：ISBN 978–7–5207–0810–4
定　　价：49.80 元
发行电话：（010）85924663　85924644　85924641